AF373675

DISSERTATION

SUR

L'HYENE,

A L'OCCASION de celle qui a paru dans le *LYONNOIS* & les Provinces voisines, vers les derniers mois de 1754. pendant 1755. & 1756.

A PARIS,

Chez
  {
HUGUES-DANIEL CHAUBERT, Quai des Augustins, à la Renommée.
CLAUDE HERISSANT, rue Notre-Dame, à la Croix d'or & aux trois Vertus.

M. DCC. LVI.

Avec Approbation & Privilége du Roi.

AVERTISSEMENT
DE L'EDITEUR.

CEtte Diſſertation eſt le tribut Academique annuel, payé en 1755. à une Société Littéraire, qui en a ſans doute enrichi ſes archives. J'avois paſſé l'Automne dans la Province & près de la Ville capitale, où elle a ſon Siége. Les ravages, que continuoit de faire aux environs la bête féroce, dont il s'agit, me firent deſirer la lecture de l'Ouvrage : mais la copie, que l'on m'a confiée, me fut remiſe ſi tard, que j'ai été obligé de l'emporter ; & c'eſt cette copie que je livre à l'Impreſſion, ſans craindre ni les plaintes de l'Auteur, ni celles de ſon Académie. Mrs les Auteurs entendent aiſément raiſon ſur ces ſortes de larcins, qui ne ſont au fond que de vrais tours d'amis. Pour l'Académie, de quoi ſe plaindroit-elle, puiſque je n'enfreins en rien ſes ſages réglemens ? Voici d'ailleurs mes mo-

tifs. Je ne publie pas seulement ce morceau d'Histoire naturelle, parce que je le crois bon, & qu'il met sous nos yeux d'une maniére aussi sçavante que curieuse, tout ce qu'on peut dire sur l'Hyéne ; je le publie, parce que je le crois d'une utilité certaine & présente ; avantage, qui ne se rencontre pas ordinairement dans les Brochures très-multipliées, dont gémissent nos Presses. La bête existe.* J'ai été témoin des tristes effets de sa fureur. Est ce une Hyéne ? N'est-ce qu'un Loup-cervier ou un Loup ordinaire ? L'ignorance & la frayeur des personnes qui en ont été simplement attaquées, ne leur ont pas permis de nous l'apprendre. Cependant, comme il n'y a point d'impossibilité absolue que ce soit une Hyéne, & cet Ecrit

* Extrait d'une Lettre écrite de Lyon le 17. Mai 1756. » L'Hyéne réelle ou prétendue repa-
» roît dans nos cantons ; & Mercredi dernier,
» 12. de ce mois, elle attaqua un berger auprès
» de Savigny. Le pauvre malheureux fut mordu
» à la gorge, & ne dut son salut qu'au secours
» que lui donnerent des passans, survenus au
» moment de ce triste combat.

offrant un moyen ſingulier, mais ſûr, ſelon de graves Auteurs, * pour l'attirer & s'en ſaiſir, ou la percer de coups ; je me fais un devoir de rendre ce moyen public, & de venir par-là au ſecours des contrées qu'infeſte ce terrible animal. J'ajoûterai, qu'indépendamment du bien qui réſultera de ſa deſtruction, l'Hyéne renferme en ſoi les propriétés les plus efficaces pour le ſoulagement ou la guériſon d'une infinité de maux qui affligent la nature humaine. Notre Diſſertateur a ſoin d'entrer à cet égard dans les moindres détails. * *

Quelle apparence, ne manquera-t-on pas de dire, qu'une bête, dont la force & la fineſſe égalent la férocité, après être échapée aux battuës publiques & à mille piéges, puiſſe céder tout-à coup au ſon des inſtrumens ou des voix ? Je n'entreprendrai point de prouver cette poſſibilité par le raiſonnement & par

* Voyez pag. 37. & 38.
* * Voyez pag. 56. 57. & ſuiv.

les causes : de plus habiles s'y trou-
veroient embarrassés. Qu'en coûtera-
t'il au reste de tenter ce moyen ? Je
ne dis pas sur la foi d'autrui, je dis
sur la foi d'une expérience toute com-
mune. Ne voyons-nous pas nos animaux domestiques, attentifs & sen-
sibles aux charmes d'une belle voix,
d'un instrument bien touché, souvent
à proportion de ce qu'ils sont moins
apprivoisés , & d'un naturel plus
farouche; le Chat, par exemple, plus
sensible infiniment que le Chien ? Si
mon observation est vraie, pourquoi
les animaux, qui habitent les antres
& les bois, ayant les mêmes facul-
tés, n'éprouveroient ils pas les mêmes
sensations, & d'autant plus fortes,
que les sons qui frapent leurs orga-
nes, sont pour eux plus nouveaux &
plus imprévus ? Ne bornons donc pas
l'empire suprême de l'harmonie, ou
plutôt des passions, qui se jouent du
fort & du puissant, & font triom-
pher le foible. Errant sans cesse dans
ses conseils, l'homme s'imagine qu'il

ne peut repousser la violence que par la violence : il se trompe. Si sa nature est dégradée, si parce qu'il a désobéi une premiére fois, les animaux ont cessé de lui obéir; il conserve néanmoins, pour se défendre de leur rage, des moyens simples qui tiennent encore à sa supériorité originelle; & l'éclat, la gravité, la douceur de sa voix, réunis ou séparés, peuvent suffire. Il ne seroit pas difficile d'accumuler des preuves. Il ne seroit peut-être pas plus difficile de montrer que les faits même pris de la Fable ne sont pas si fabuleux; mais j'excéderois les bornes d'un Avertissement. A l'égard des causes physiques, je m'en rapporterai aux Cartésiens, aux Newtoniens, si on le veut, aux Electriseurs, assez content d'avoir exposé des raisons plausibles pour imprimer.

Il se trouve aux Notes marginales de la page 22. un passage Grec, tiré du Traité d'Aristote de la génération des animaux, auquel je n'ai pû me dispenser de joindre au moins une Traduction Latine, par la raison que ce texte constate quatre choses importantes, qui doivent être connues de tout le monde : la premiére, que ce Philosophe ne doutoit pas de l'existence des Hyénes mâles & femelles, puisqu'il assure qu'on en a vû, qu'elles ne sont pas rares en certains lieux, & que la différence des sexes s'apperçoit facilement : la seconde, que les unes & les autres ont auprès de la partie naturelle, sous la queuë, une marque qui a trompé des observateurs peu exacts, mais qui, selon moi, peut servir à distinguer l'Hyéne des animaux avec lesquels elle a quelque ressemblance : la troisiéme, qu'on prend beaucoup moins d'Hyénes femelles que d'Hyénes mâles : la quatriéme enfin, qu'Aristote traite d'erreur grossiére l'opinion de ceux qui s'imaginent que l'Hyéne a les deux sexes, chacun capable alternativement d'année en année de tous les effets qui lui sont propres.

DISSERTATION

DISSERTATION

SUR

L'HYÉNE.

UNE Hyéne dans le Lyon-
nois & les Provinces voi-
sines est un phénomène
sans doute; & ce qui porte ce caractere a par soi-même, sur notre temps
& sur nos recherches, un droit acquis
& bien décidé. Ici se réunissent trois
interêts, tous plus propres les uns
que les autres à piquer une curiosité
raisonnable. Il s'agit d'un évenement
qui se passe sous nos yeux, ou du
moins à nos portes : l'évenement
est dans la classe des singularités les
plus extraordinaires : &, ces deux
motifs mis à part, la nature a réuni

tant de merveilles dans le ſujet que j'entreprens de traiter ; les Auteurs en ont parlé ſi diverſement ; leurs récits font naître un ſi grand nombre de queſtions dignes de l'examen le plus réfléchi, que je ne crois point trop donner au préjugé ſi naturel à tout Ecrivain en faveur de la matiére qui l'occupe, en aſſurant que celle-ci merite à tous égards d'être diſcutée.

Depuis dix-huit mois, on parle d'une bête féroce, qui a paru en différens cantons de ces Provinces. Les membres déchirés d'un cadavre trouvé à trois lieuës de Lyon ont appuyé la créance du Peuple, & fait balancer les eſprits les plus incredules. On croit pouvoir tracer les routes qu'a ſuivi l'Animal.

Du Lyonnois il a paſſé, dit-on, dans le Dauphiné, où l'autorité publique a ordonné une chaſſe générale en pluſieurs Contrées. De-là il eſt rentré dans cette Province : & on aſſure l'avoir vû non loin de

Théfé, de Moiré, de Fronnac, de Saint-Bel, de l'Arbrefle ; tous pays, comme on fçait, montagneux, en partie couverts de bois, & coupés par des vallons caverneux, entre lefquels coule la riviére d'Azergues.

L'activité des habitans a été partout également courageufe : mais le fuccès n'a pas répondu à leurs efforts ; & quinze Paroiffes, tout à la fois en armes, n'ont réuffi qu'à purger leur territoire de ce monftre effrayant, qu'on dit être revenu du voifinage de Roanne, vers Saint-Bel & Saint-Germain fur l'Arbrefle ; & s'être jetté de-là dans les bois de Savigni. Ici la pifte s'eft perdue pour quelque temps ; mais on n'eut que trop tôt le malheur de la retrouver. L'Animal reparut fucceffivement dans prefque tous les endroits que j'ai nommés ; & par-tout de nouveaux ravages marquerent fes traces. On a compté jufqu'à dix - fept jeunes hommes, ou jeunes enfans attaqués , mordus ou déchirés , même dévorés ; & sur tous ces faits, j'ai en main des atteftations , qui en confirment trop bien la réalité. Là tout eft fpécifié, fort diftinctement. Vous diriez d'un Journal exact, où font marquées, avec leurs dates, les marches , les courfes de notre Animal , fes attaques , fes combats & fes carnages.

Ces détails ont paffé dans la bouche du peuple. Ils s'y font multipliés. Les plus honnêtes gens les ont répetés d'après les bruits publics. On cite , on nomme les victimes infortunées, dont l'Animal a fait fa proie; &, comme il eft naturel en ces occafions, chacun demande : Quel eft le nom & la figure de ce fléau de nos campagnes?

Ceux qui l'ont apperçu, ou qui ont cru le voir , le repréfentent d'une groffeur qui approche de celle du Loup, avec des jambes moins hautes, un poil plus rude & la peau mouchetée de diverfes couleurs. Sur ce récit, quelque homme de lettre aura reconnu la description que les Naturalistes nous font de l'Hyéne. Ce nom a pris faveur ; & , sans trop connoître ni l'Hyéne , ni l'animal qu'on cherche à caractériser, l'opinion s'est établie, que cet animal est une véritable Hyéne.

Quelques traits de ressemblance, plutôt soupçonnés que distingués, ne peuvent suffire sans doute à fixer nos incertitudes ; & tous nos efforts ne nous conduiront point au-delà des simples conjectures ; à moins que l'Hyéne, ou réelle ou prétendue, ne tombe un jour sous nos coups, ou dans nos filets ; & que, par une inspection réfléchie, nous puissions reconnoître à quelle espèce elle appartient.

En attendant cet éclaircissement, que peut-être nous n'aurons jamais ; on pourroit combattre avec assez de vrai - semblance la dénomination que l'on a hazardée. Car, puisque la frayeur est un prisme, qui défi-

gure étrangement les objets, osera-
t'on garantir que ce poil herissé,
que ces taches variées, que cette
taille un peu au-dessous de celle du
Loup, que le signalement en un mot,
qu'on nous donne, n'ait pas été tracé par des imaginations échauffées ?
L'animal carnacier, dans la rapidité de sa fuite, n'a pû être mesuré
de l'œil avec justesse. Dans sa cour-
se il a dû paroître plus bas, qu'il
ne l'est en effet. L'agitation de tout
son corps a fait dresser ses poils ;
& l'on sçait enfin que l'éblouisse-
ment diversifie les nuances presqu'à
l'infini. Otez ces circonstances ;
peut-être au lieu d'une Hiéne, on
n'aura vû qu'un Loup.

Les rigueurs excessives de l'hiver
de 1754. ont forcé les animaux de
cette derniére espèce à chercher
dans les villages, ce que la cam-
pagne ne leur fournissoit plus. La
faim, si j'ose citer un proverbe tri-
vial, les a chassés de leurs repai-
res. Les Papiers publics nous en

ont cité plus d'un exemple : & si la nouvelle Amazone, dont il est parlé dans la Gazette de France du 22. Mars 1755, n'étoit pas parvenue à tuer le Loup d'une grosseur énorme, qui étoit entré dans une maison de la Paroisse de Couloumiers près de Vendôme, on auroit cru ces quartiers-là exposés aux fureurs de quelque monstre inconnu. On met trop souvent le merveilleux, où il n'y a rien que d'ordinaire.

Que sera-ce, si, pour appuyer de simples soupçons contre l'exiltence d'une Hyéne dans nos Provinces, on en vient jusqu'à trouver dans l'évenement une forte d'impossibilité ? Cette espèce est étrangére à nos climats. Par où cet individu y auroit-il donc pénetré ? Supposeroit-on avec la moindre vrai-semblance qu'il eût traversé les espaces immenses, qui nous séparent de sa terre natale, sans avoir marqué nulle part les traces de son pasfage ? Mais je ne rifquerai pas des raifonnemens , que, quelque jour peut être, le fait détruira fans replique. Il eft permis fans doute de difputer , fur la réalité d'un Phénomène ; mais à moins d'une contradiction manifefte dans les termes, on ne s'engage point à en contefter la poffibilité, fans s'expofer à tomber un jour dans le ridicule d'avoir démontré qu'un fait très-réel étoit impoffible.

D'ailleurs, l'hypothefe ingénieufe qu'a imaginé, il y a fort peu de temps, * M. de la Condamine notre illuftre confrere , pour expliquer de quelle maniére la fille fauvage , dont l'hiftoire eft aujourd'hui connue de tout le monde, a pû être tranfplantée dans le bois

---

* Le célebre Académicien a défavoué le bruit public , qui le faifoit Auteur des Mémoires de cette Fille fauvage ; mais en reconnoiffant qu'il a donné quelques-uns de fes momens à éclaircir & à juftifier les conjectures de Madame H. fur cette tranfplantation fi certaine , quoique fi peu vraifemblable au premier coup d'œil.

de Songé près de Châlons en Champagne, montre affez les reffources de l'efprit humain pour l'explication des faits les moins vrai-femblables, quand la vérité en eft bien conftatée : & fans avoir la pénétration du nouvel Argonaute, on peut fe promettre de découvrir les routes qui auroient conduit une Hyéne dans nos Provinces, s'il étoit bien vérifié qu'elle y ait paru en effet. Peut-être nos doutes à cet égard ne feront-ils jamais levés. Quoi qu'il en puiffe arriver, nous n'avons garde de borner nos connoiffances à ce que la nature produit dans cette portion de terre que nous habitons : car, fi le Philofophe a quelque droit de fe nommer le Citoyen de l'univers ; c'eft principalement parce qu'il n'y a rien dans l'univers que la vraie Philofophie ne veuille connoître. Mais il eft furtout naturel de chercher à s'inftruire de ce qui fait le fujet des difcours publics : & dût l'Hyéne, dont

A v

on parle n'être qu'une chimère , on me pardonnera , je crois, de m'être, fur des bruits mal fondés, engagé dans des recherches folides.

Le profond , le fçavant , l'élegant Auteur de la Préface qu'on lit à la tête de l'Hiftoire naturelle , dont nous avons déja plufieurs volumes, paroît avoir prefcrit la méthode la plus judicieufe qu'on puiffe fuivre dans l'étude des Animaux. Tout, felon ce grand Phyficien, doit s'y rapporter à trois chefs principaux; leur Defcription , leur Hiftoire & les divers rapports qu'ils peuvent avoir avec nous. Les grands Maîtres font faits pour tracer les routes des fciences : mais il faut quelquefois chercher les avenuës, & s'y arrêter, avant que de s'engager à fuivre les chemins ouverts par ces guides fi excellens. Ainfi dans le fujet que je traite, je penfe que l'exécution du plan de M. Buffon doit être précédée par quelques obfervations fur le nom même de l'Hyéne.

J'obferverai d'abord, qu'il y a
des Hyénes de quatre efpèces fort
différentes; *(a)* des poiffons, des quadrupédes, des volatiles, des fer-
pens : & comme fi ce n'étoit pas affez
pour un même nom d'appartenir à
tant d'efpèces, quelques Naturaliftes
l'ont encore donné au *Crocuta*, *(b)*
au *Leucrocuta*, à la Civette & à la
Panthére ; quadrupédes qu'on a
quelquefois confondus avec l'Hyé-

(a) Cette diftinction des efpèces lève les doutes ,
où, felon les Auteurs du Dictionnaire de Médecine [*Art. Hyæniæ.*] les anciens nous ont jetté
par les contradictions qu'on croit voir dans ce
qu'ils ont dit des Hyénes. Pour ne pas entaffer des
citations, je me borne à dire que Pline qui parle
fi expreffément de l'Hyéne quadrupéde, dit auffi
avoir vû une Hyéne-poiffon, qu'on avoit prife
dans l'île Ænaria, aujourd'hui Ifchia. *Hyenam
pifcem vidi in Ænaria infula captum.*
Plin. l. 33. cap. ult.

(b) Je dirai ailleurs ce que c'eft que le *Crocuta*,
& ce qu'on doit penfer de l'opinion de Belon, qui
veut que la Civette foit l'Hyéne des Anciens. On
peut voir dans Gefner les propriétés fpécifiques du
Leucrocuta. Quant à la Panthére, l'erreur de Gil-
lius, qui la prenoit auffi pour une Hyéne, eft bien
réfutée par Hernandez. Voyez fon Hiftoire naturelle de l'Amérique, écrite en Latin & imprimée
à Rome, en 1651.

A vj

ne proprement dite, & qui eſt la ſeule dont il s'agit dans ce Mémoire.

Celle-ci eſt auſſi nommée par les Grecs Γλάνος : Capitolin l'appelle *Belbus*, & Lactance *Belba* ou *Belua*, ſelon la citation de Spanheim, qui obſerve avec juſteſſe que ces termes Latins doivent leur origine au mot *Bellua* ; qu'ils en ont conſervé la ſignification dans toute ſa force ; & qu'enfin cette dénomination générique a été fort convenablement appropriée à l'Hyéne ; parce que de tous les animaux que nous connoiſſons, il n'en eſt pas de plus furieux que celui-ci. Ajoûtons que pour cette raiſon les Egyptiens en firent le ſymbole de la férocité. J'indiquerai ailleurs, en paſſant, l'étymologie des noms Γλάνος & Ύαίνα ; & je me hâte d'exécuter le plan que je me ſuis tracé, d'après M. de Buffon.

Mais comme en ces ſortes de ſujets, il eſt avantageaux de parler aux yeux, je crois devoir préſenter d'abord trois figures d'Hyénes, toutes copiées d'après Jonston. Ce fçavant Anglois, qui a beaucoup travaillé fur l'hiftoire de la plûpart des Animaux, s'eft borné à nous deffiner des Hyénes; & il a feulement inferé dans fon ouvrage, fans l'approuver, ni la contredire, la Differtation de Caftelli fur la Civette, où l'hiftoire de l'Hyéne eft traitée fort amplement.

On fouhaiteroit, fans doute, que Jonston eût cité les originaux des figures, qu'il met fous les yeux de fes Lecteurs. Faute de cette précaution, on peut foupçonner l'Auteur d'avoir tracé fes portraits de fantaifie. Pour moi, dans la defcription que je vais faire, je citerai mes garants. J'ai confronté leurs témoignages; & j'en rapporterai le réfultat avec fidélité.

L'Hyéne eft un animal quadrupéde. Nous avons déja obfervé que fa hauteur approche de celle du Loup, & ne l'égale pas. Ses pattes ont affez de rapport avec celles du même animal. Son poil eft extrê-mement droit & roide, finguliére-ment fur l'épine du dos, jufques au fommet de la tête. Il reffemble par cet endroit aux foies hériffées fur le dos des cochons; ce qui a donné lieu de dire que le mot ύαινα eft tiré du mot ΰς nom Grec des animaux que je viens de nommer. La peau de l'Hyéne eft femée de taches de diffé-rentes couleurs, parmi lefquelles le blanc, le noir & le fauve dominent le plus fouvent. Jufqu'ici les témoi-gnages des Auteurs font prefqu'una-nimes. Spanheim eft le feul qui don-ne à l'Hyéne une tête de dogue, des oreilles courtes & triangulaires, une queuë de lion, les pieds du même animal, & le poil moucheté comme celui d'un tigre.

Je n'omettrai pas dans ce détail, la petite diverfité qui fe rencontre fur le plus ou le moins de longueur que les Ecrivains ont donné à la queuë de l'Hyéne. Gefner cite un

ancien manuscrit du Poëme d'Oppien, où l'on trouve la figure grof-
fiérement deffinée d'une Hyéne avec
une queuë longue comme celle des
renards : mais Gefner la réduit à un
demi-pied de longueur.

Voici maintenant du fingulier.
L'Hyéne n'a point de col. Les Auteurs qui l'affurent ainfi, ne laiffent
pas de lui donner une criniére, *
qu'ils difent reffembler à celle du
cheval. Si le fait eft vrai, la com-
paraifon du moins manque de juf-
teffe : car dans un animal qui n'a
point de col, où prendrez-vous la
place d'une criniére femblable à
celle du cheval ? Cependant les Naturaliftes s'accordent prefque tous à
dire que la tête de l'Hyéne tient
immédiatement aux vertébres, ou
à l'épine du dos ; de forte que quand
elle veut regarder ou derriére, ou
à fes côtés, elle eft obligée de fe
tourner toute entiére. Autre parti-

* Χαίτην δ' ἔχει (Ὕαινα) ὥσπερ ἵππος.
Arift. liv. 8. ch. 5.

cularité non moins remarquable: L'Hyéne n'a pour dents que deux os continus dans toute la longueur des deux mâchoires.

La nature qui fe répete quelques-fois dans fes productions les plus irréguliéres, nous repréfente l'irré-gularité, dont il s'agit ici, dans deux efpèces de poiffons, auxquels je ne fçais fi notre langue a donné quelque nom. Les Anglois, accoûtumés à emprunter librement des langues mortes ou vivantes tous les termes dont ils ont befoin, ont recouru au Grec, pour les dénommer: & ils appellent *Monodon* * l'efpèce, dont la dent unique eft attachée à la mâ-choire fupérieure, d'où elle s'étend hors de la bouche, dans une pofition paralléle au corps de l'animal; de forte qu'on la prendroit plutôt pour une corne, que pour une dent. La

* The *Monodon* has only one tooth. This is fixed in the upper jaw, and runs parallel with the lenght of te fish, fo that it has more appea-rance of a horn, than a thooth.

The *Catodon* has thooth only in the lower jaw. Voyez *A general natural Hiftory by John Hill.* 1748.

seconde espèce est appellée *Catodon*, pour désigner que la dent est attachée à la mâchoire inférieure. Ainsi, comme nous l'observions, la nature aime-t-elle à se copier jusques dans ses bizarreries. L'Histoire même nous apprend que Pyrrhus Roi d'Epire ressembloit aux Hyénes par l'*unicité* de sa dent. Elle parle encore d'un fils du Roi Prusias, qui eut la même difformité, & qu'on nomma pour cette raison Μονόδυς, comme qui diroit, l'homme à la dent unique.

Du singulier passons à l'incroyable On a dit que chaque Hyéne réunit les deux sexes ; ou qu'elle les a alternativement d'une année à l'autre. Cette erreur datte des siécles les plus reculés. Son antiquité lui a servi de preuve auprès de plusieurs Ecrivains, parmi lesquels il y en a des très-respectables à bien des égards. Tertullien *, entre

* Hyænam si observes, sexus annualis est. Marem & fœminam alternat. *Tert. de Pallio, c. 3.*

les autres , cite le fait comme inconteſtable. On peut bien préſu-mer que ce Pere de l'Egliſe , qui en appelle à l'obſervation , s'eſt diſ-penſé d'y recourir lui-même ; & qu'il n'a parlé en cette occaſion que ſur des ouï-dire , ou d'après quel-que Phyſicien mal inſtruit, tel que ceux qu'a conſulté & aveuglément ſuivi le Philoſophe Elien, Ecrivain médiocre, s'il en fut jamais : car je ne crois pas m'écarter mal-à-propos de l'objet de cette Diſſertation, en caractériſant avec rapidité les Au-teurs que j'ai conſultés , en la com-poſant.

Figurez-vous un Ecrivain , qui au hazard , ſans critique & ſans choix, jette ſur le papier tout ce que des lectures mal digérées ont pû confier à ſa mémoire, & vous aurez le caractere d'Elien , dans celui de ſes ouvrages qu'il intitule, de l'Hiſ-toire des Animaux , & qu'on a par-tagé en quatorze livres diſſéqués en une infinité de chapitres. On a

pourtant donné bien des éloges à
cette rapfodie : car que ne loue-t'on
pas ? Mais fi l'on peut pardonner à
des Compilateurs , tels que Cœlius
Rhodiginus, entre les autres, d'avoir
montré peu de critique , en jugeant
d'Elien, on a de la peine à comprendre comment le judicieux &
fçavant Auteur * des Defcriptions
Anatomiques , données fous le nom
de l'Académie des Sciences de Paris, a pû mettre Elien à côté d'Ariftote & de Pline ; & qualifier, fans diftinction, du nom d'ouvrages magni-
fiques , les productions fi différentes
entr'elles de ces trois Philofophes.
Les grands hommes font véritable-
ment dégradés par les louanges les
plus pompeufes, dès qu'on les leur
fait partager avec des Ecrivains mé-
diocres.

Quoi qu'il en foit , Elien eft de
ceux qui admettent la mutation

---

* Claude Perraut, dans la préface du T. 3.
1. partie des Mémoires de l'Académie Royale
des Sciences.

alternative de sexe dans les Hyénes:
& si l'on en croit Piérius Valerius,
nous devons déférer au témoignage
d'Elien, plutôt qu'à celui d'Aristote, qui a embrassé un sentiment
contraire. Demandez-vous pourquoi ? C'est, vous dira Piérius,
qu'Elien est postérieur à Aristote
de plusieurs siécles. Si cette raison est valable, elle peut être, en
toute occasion, d'une grande res-
source aux détracteurs de l'antiquité
la plus respectable.

Mais il n'est pas à craindre que
l'opinion d'Elien balance, dans l'es-
prit de Gens de Lettres, l'autorité
d'Aristote. Quoique les formes subs-
tantielles inventées par les frivoles
Commentateurs de ce grand Philosophe, lui aient fait perdre de sa
réputation; son Histoire des Animaux est encore, de l'aveu de tous
les Sçavans, un des plus beaux & des
meilleurs ouvrages, que nous ayons
sur cette matiére. Et pour ne parler que de la vérité des récits, point

effentiel par-tout, & principalement dans des détails d'obfervations phyfiques, il fuffit de fçavoir qu'Ariftote, grace aux libéralités de fon difciple Alexandre, apprenoit à connoître par fes propres yeux tous ou prefque tous les animaux, dont il traçoit l'hiftoire.

Les Auteurs d'un Journal nouveau, * & deja fort accrédité, fouhaitoient, il y a peu de mois, une traduction Françoife de la République de ce Philofophe. Elle feroit connoître à la Nation un corps complet d'une politique très faine. Puiffe auffi quelque bonne plume nous donner en notre langue l'Hiftoire dont je parle. Nous n'aurions peut-être rien de mieux en François, fur la connoiffance des animaux.

Or, fur la mutation de fexe dans l'Hyéne, Ariftote, après un détail exact & modefte, tel que le fujet en queftion le demandoit, découvre la

---

* Le Journal étranger.

source de l'erreur qu'il refute ; & il ajoûte qu'elle eſt le fruit de la précipitation de quelques prétendus Obſervateurs. (*a*)

Au reſte l'Hyéne n'eſt pas le ſeul animal à qui l'on ait cru les deux ſexes. Un certain Herodore d'Héraclée en diſoit autant du Trochus : mais avec une particularité non moins extraordinaire qu'Ariſtote (*b*)

(*a*) Διὸ τοῖς ἐκ παρόδυ θεωρῦσι, ταύτίω ἐποίησε τίω δόξαν.

(*b*) Voici ſon texte : Φασὶ τίω μὲὰ Ὑαίναν πολλοὶ, τὸν δ᾽ Τρόχον Ἡρόδωρος ὁ Ἡρακλεώτης δύο αἰδοῖα ἔχειν, ἄρρενος ἢ θήλεος· ἢ τὸν μὲὰ Τρόχον αὐτὸν ὀχεύειν; τίω δ᾽ Ὑαίναν ὀχεύειν, ἢ ὀχεύεσθαι παρ᾽ ἔτος. ὬντΙαι γὰρ ἡ Ὑαίνα ἔχυσα αἰδοῖον ... ἀλλ᾽ ἔχυσιν αἱ Ὑαίναι ὑπὸ τὸν κέρκον, ὁμοίαν γραμμίω τῷ τῦ θήλεος αἰδοίῳ. Ἔχυσιν μὲὰ ῶν ἢ ἄρρενες, ἢ αἱ θήλειαι τὸ τοῦτον σημεῖον. *De Gener. anim. l.* 3. *c.* 6.

Voici la Traduction telle que la donne Theodore Gaza, Tom. 2. pag. 655. de l'Edition des Œuvres d'Ariſtote Gréque-Latine, *in-folio* 4. vol. Paris, 1624.

De Trocho & Hyænâ ſtultè magnoque errore narratur ; Hyænam enim complures aiunt : Trochum verò Herodorus Heracleota ſcribit duplex genitale habere, maris ac fœminæ : & Trochum ſeipſum inire ; Hyenam inire & iniri annis alternis, (ſed viſa eſt Hyæna mas, & altera femina.

exprime fort bien dans fa langue,
& que je craindrois de mal exprimer
dans la mienne.

Le médecin Belon, à qui il con-
venoit mieux qu'à moi de ne pas
redouter la defcription que je fup-
prime ici, après en avoir épuifé les
détails, compare l'Hyéne à la Civette. Il décrit celle-ci avec le même foin ; & les deux defcriptions
fe trouvant à peu-près femblables,
il en infere que la Civette n'eft autre que l'Hyéne dont parle Ariftote.
En conféquence le nouvel Anato-
mifte donne à la Civette le nom de
Hyæna veterum ; & c'eft encore aujourd'hui fous ce nom Latin que
nos modernes Phyficiens defignent
la Civette autrement appellée *Zibe-*

____

fui difcrimine genitalis.) *Locis enim nonnullis
penuria hujus confpectus non eft. Verum Hyenæ,
tam mares quam feminæ, habent fub caudâ lineam
quandam fimilem genitali feminino. Quæ quidem
nota, quamvis communis fit, tamen in maribus
potiùs cernitur, quia mares quàm feminæ magis
capiuntur.*

thum. Mais Castelli, (*a*) Auteur Romain, a attaqué l'opinion de Belon ; & les Sçavans, qui ont prononcé sur cette dispute, disent qu'en effet on ne doit pas confondre ces deux animaux en un seul.

La réputation de l'Histoire naturelle de M. Hill, Auteur Anglois, m'avoit fait espérer quelque chose de plus exact & de plus méthodique sur l'Hyéne, que tout ce qui a paru jusqu'ici. Comme l'ouvrage est chargé de figures, (*b*) je n'ai pas été peu surpris de n'y point trouver celle de cet Animal. Mais

(*a*) Petri Castelli Romani Exetasis de Hyænâ odoriferâ.

(*b*) Ces Figures sont très-bien enluminées dans quelques exemplaires, qui par-là même augmentent d'agrément & d'utilité. Tel est celui que j'ai consulté à loisir dans le cabinet de Monsieur Adamoli. On a beaucoup loué le célebre Grollier de Servieres, qui vouloit que ses livres fussent à ses amis, comme à lui-même. On connoît son Inscription, *MEI ET AMICORUM*. Le Citoyen respectable, que je prie d'agréer ici le trop foible tribut de ma reconnoissance, étend plus loin son penchant à faire plaisir.

je

je suis encore à comprendre ce que l'Auteur a voulu dire en débutant par le caractériser en ces mots Latins : *Hyæna, canis pilis cervicis erectis longioribus.* Il les traduit en Anglois, & ajoûte une notice plus détaillée. La voici de ma traduction.

L'Hyéne est, selon M. Hill, un chien qui porte une criniére, dont les poils font longs & droits. Sa figure est singuliére & extrêmement hideufe. Sa groffeur est comme celle des dogues d'Angleterre, qu'on dreffe aux combats des taureaux. Sa tête est large & courte, fon nez écrafé, fa gueule grande, & armée de bonnes dents. Ses yeux font grands, noirs & d'un regard farouche. Ses oreilles courtes, larges & droites. Son col est épais, & couvert, au lieu de poil, d'une efpèce de foies fort droites, dont la vuë feule a quelque chofe d'effrayant. Son corps est lourd, bien arrondi, & prefque femblable à ce-

lui du cochon. Ses jambes fon très-
robuftes, mais peu hautes. La couleur de fon poil eft généralement
fombre & obfcure ; celle des jambes
d'un noir plus foncé. La tête tire fur
le pâle. On trouve de ces fortes d'animaux dans prefque tout l'Orient.
Ils font carnaciers & féroces. * Il s'en
faut de beaucoup qu'ils ne foient vî-
tes à la courfe. Toujours en embufcade, rarement la proie qui fe trouve fur leur pas, réuffit-elle à leur
échaper. Ils ont la voix perçante
& lugubre. Quelques Ecrivains les
ont rangés dans l'efpèce des Singes :
d'autres en ont fait une forte de
Taiffons.

Mais que feroit-ce, fi toutes mes

* Ces Animaux ne font point légers à la courfe,
& cependant leur proie leur échape rarement.
Ne foupçonnera-t'on point ici une forte de contradiction ? Elle n'eft pas fur mon compte. J'ai
traduit fidélement. *It is not very svvift of foot ;
but it is continually lying in vvait for other
creatures ; and fcarce any thing, that comes in
its vvay, efcapes it.* Hill. T. 3. p. 503.

recherches n'avoient qu'un objet **a**bſolument chimèrique ? Ce n'eſt **p**as moi qui forme ce doute. Deux Auteurs que j'ai déja cités , ont bien oſé le propoſer. A la vérité , on s'apperçoit que ce n'eſt pas ſérieuſement qu'ils le propoſent.

Geſner , un de ces deux Ecrivains , après avoir dit , dès le début de l'article où il traite de l'Hyéne , qu'il balance (*a*) s'il doit la nommer ou un monſtre , ou une chimère , ne laiſſe pas d'entrer dans le détail le plus circonſtancié ; peine qu'aſſurément uu homme ſage , tel qu'il étoit , ſe fût épargnée , ſi ſon doute même ne lui avoit paru chimèrique. Piérius , (*b*) le ſecond des Auteurs dont je veux parler , dit que quelques-uns ont prétendu que l'Hyéne n'exiſte point dans la nature : & il ajoûte que la préten-

(*a*) *Portentoſum-ne magis , an fabuloſum animal,* **n**eſcio.

(*b*) Pierii Hieroglyphic. *p. 8*2. *& ſeqq.*

B ij

tion n'eſt pas trop mal fondée, puiſqu'on n'a jamais vû d'Hyéne en
Europe; mais qu'on n'en doit pas
être moins perſuadé que c'eſt un
être très-réel, vû que tant de bons
Ecrivains en parlent. Et voilà
comment, dans ſa double aſſertion,
cet Auteur réunit la déraiſon &
l'ignorance. La futilité de ſon raiſonnement eſt ſenſible. L'Hiſtoire
de l'Hyéne va mettre l'ignorance
de ce faiſeur d'Hiéroglyphes dans
tout ſon jour.

Il faudroit démentir les témoignages les plus recevables, pour
nier qu'on ait vû des Hyénes en
Europe. L'Hiſtoire & les Médailles
ſe prêtent ici un appui mutuel. Capitolin, Auteur eſtimé pour ſon
exactitude, parle dans la vie des
Gordiens, des Jeux ſéculaires cé-
lebrés en 247. ſous l'Empereur Phi-
lippe le Pere. Ces fêtes ſi ſolemnel-
les durerent pluſieurs jours de ſuite,
ſelon l'uſage; & chacun de ces jours

célebres, il parut dans l'aréne quelque animal fingulier. Le fait eſt atteſté par les Médailles , qu'on trouve encore dans le Cabinet des curieux. Il y en a juſqu'à dix, pour les dix jours de la ſolemnité , avec l'inſcription ordinaire à ces ſujets-là, SÆCULARES AUGG. & les revers ſont tous diverſifiés les uns des autres par le chiffre , qui marque le quantiéme jour des jeux , & par le type de l'animal , ou plutôt d'un des animaux , * qui ce jour là même furent produits dans le Cirque. Ainſi la Médaille marquée du

---

* *Capitolin en ſpécifie le nombre : il compte tren-te-deux Eléphans, dix Elans, dix Tigres, ſoixante Lions apprivoiſés , trente Léopards apprivoiſés de même, & dix Hyénes. Il eſt probable que cette grande quantité d'animaux ſauvages n'avoit été raſſemblée que dans l'eſpace de pluſieurs années. Le premier des Gordiens ſe plaiſoit à en faire venir à Rome , de tous les pays du monde , même avant qu'il parvînt à l'Empire. Ceux dont il s'agit ici , avoient été deſtinés par le troiſiéme Gordien à orner ſon triomphe , & les Jeux qu'il ſe propoſoit de donner après la guerre des Perſes,*

nombre VI. repréfente une **Hyéne**,
dont le nom fe lit dans l'exergue,
HYÆNA. C'eft d'après une Médaille de cette efpèce, dont les traits
étoient apparemment effacés , ou
altérés, que Spanheim a fait gra-
ver la figure de l'Hyéne dont j'ai
parlé.

Du troifième fiécle, il faut paf-
fer jufqu'au feizième, pour trouver
un Auteur qui faffe mention d'Hyénes qu'il ait vues lui-même. Buf-
becq , cet Ecrivain exaĉt qui fçut
reunir la fageffe d'un vrai Politique
à la fagacité d'un bon Phyficien,
affure avoir vû deux Hyénes en Tur-
quie, lorfqu'il y étoit Ambaffadeur de
Ferdinand I. alors Roi des Romains.
Le même Auteur nous apprend que
ces animaux ne font rien moins que
rares dans la Natolie , & qu'on les
appelle *Zirtlan* dans la langue du
pays.

Jufqu'à Busbecq les Auteurs n'a-
voient parlé que des Hyénes de l'Egy-

pte, de la Sytie & de l'Ethiopie, tous pays extrêmement chauds. (*a*) Sur quoi nous obſerverons en paſſant, pour nous raſſurer, s'il en eſt beſoin, qu'il n'y a pas à craindre que cette eſpèce ſe multiplie jamais dans les pays froids. Cependant on pourroit appréhender qu'une Hyéne égarée dans nos Provinces ne vînt à s'accoupler avec un loup, & que de cet accouplement il ne naquît un monſtre, que les Grecs appellent indifféremment ou *Crocuta* ou *Thoës* (*b*), & à qui je ne ſçache pas que notre langue ait donné aucun nom.

Puiſque la chaleur du climat paroît néceſſaire à l'Hyéne, n'y a-t'il pas lieu de s'étonner qu'elle établiſſe

(*a*) Geſner fait dire à Olaüs Magnus qu'il y a des Hyénes dans le Septentrion. C'eſt ici un témoin imaginaire. Il n'eſt pas dit un mot des Hyénes dans tout l'ouvrage de cet Archevêque.

(*b*) Θῶας, θῆρας ἐξ ὑαίνης ἢ λύκου γινομένης. Heſych.

ordinairement ſa demeure , ainſi qu'on l'a obſervé , dans des cavernes au bord des fleuves ? Celles qu'on a vues ſur les rivages du Glanis, ont fait donner à l'eſpèce entiére le nom de *Glanos* , dont je devois indiquer l'étymologie. Mais peut-être cette obſervation manque-t-elle d'exactitude. Peut être que ces grottes ſi voiſines de l'eau ne ſont point un repaire fixe, mais un gîte paſſager pour l'Hyéne. Son inſtinct l'y conduit pour ſe mettre à portée de fondre ſur les voyageurs qui prennent terre en des rivages déſerts , ou ſur d'autres bêtes fauves qui viennent boire ou ſe baigner. Car l'Hyéne ſe nourrit preſque indifféremment de toutes ſortes de chairs. Elle préfere cependant la chair humaine ; & c'eſt peut-être ce qui a donné occaſion de dire qu'elle en faiſoit ſon unique aliment. Elle en eſt extrêmement avide, il eſt vrai ; & les cadavres humains , même enſevelis depuis pluſieurs jours, flatent encore ſa gloutonnerie. Auſſi aſſure‑t‑on qu'elle eſt d'une merveilleuſe ſagaci‑ té à découvrir les tombeaux,& d'une activité incroyable à y fouiller. C'eſt une des obſervations d'Ariſtote (*a*). Aujourd'hui en nos Provinces, & dans toute l'Europe, où l'on inhume les cadavres dans les Egliſes,ou dans les Cimetiéres environnés d'un mur, l'Hyéne ne pourroit ſatisfaire ſon appétit à cet égard : mais dans l'an‑ tiquité , lorſqu'on enſeveliſſoit les morts au milieu des campagnes, comme il ſe pratique encore à pré‑ ſent en Chine, l'Hyéne étoit à mê‑ me , ſi je puis ainſi dire ; & d'au‑ tant plus qu'elle prend ordinaire‑ ment le temps de la nuit pour faire ſes courſes , & ſe mettre en quête : car la foibleſſe de ſa vuë ne ſoû‑ tiendroit pas le grand jour. Ainſi l'a obſervé Oppien, (*b*) cet Auteur

(*a*) Τυμβωρυχεῖ δ᾽ [Ὕαινα] ἐφιεμένη τῆς σαρκο‑ φαγίας τῶν ἀνθρώπων. Hiſt. anim. *l.* 8. *c.* 5.
(*b*) Φράζεο… δυσδερκία τ᾽ αὖθις Ὕαιναν.
Ὀππίαν Κύνηγε]. Βιβ.

à qui les Critiques les plus féveres *
ont accordé la gloire d'être tout à
la fois & un fçavant Naturalifte,
& un Poëte plein d'harmonie & de
chaleur.

Mais cet Animal anthropophage
feroit-il pour l'homme un bon aliment ? La chofe eft hors de doute,
fi l'Auteur de la Lettre qui paffe
fous le nom de S. Barnabé, n'eft
pas dans l'erreur, quand il croit que
l'Hyéne quadrupéde eft défignée
par le *Bath Haïana* des Livres faints.
Car c'eft-là un des animaux, dont
la Loi de Dieu interdit l'ufage aux
Ifraëlites. (Levit. c. XI.) Je ne dé-
ciderai rien fur ce point. Je fçais
trop qu'on s'expofe à d'étranges mé-
comptes, quand on s'avife de fe por-
ter pour juge dans des difputes, qui
roulent fur la valeur ou la fignification
des mots d'une langue dont on n'a
pas acquis une connoiffance profon-
de. Je remarquerai feulement que le

* Voyez Baillet, Jugement des Sçavans, t. 4.
de l'édit. de M. de la Monnoïe.

Bath Haïana des Livres saints se trouve mêlé dans la liste des oiseaux, & non des quadrupédes, dont les Juifs ne devoient pas faire d'usage. Cette légére observation paroît victorieuse contre le respectable Auteur, * quel qu'il puisse être, de la Lettre que j'ai citée.

Après la chair humaine, l'Hyéne paroît singuliérement friande de celle des chiens ; & pour les prendre, elle ruse avec eux, dit Aristote. Elle imite les soupirs & les cris d'un homme, qui rend par le vomissement une médecine. A ces cris, à ces soupirs le chien appro-

* Il dit, ὅτι τὴν Ὑαίαν φάγη. Et ce qui prouve qu'il prétend parler de l'Hyéne quadrupéde, c'est qu'il fait mention des deux sexes de cet animal. Il tire même de cette propriété la raison de la défense faite par Moyse au Peuple de Dieu. Cotelier, dans ses sçavantes Notes sur cette Lettre, veut justifier le τὴν Ὑαίαν par le sentiment de Samuël Bochart. Celui-ci a soûtenu, il est vrai, que l'Ecriture Sainte a parlé de l'Hyéne quadrupéde, mais sous le nom de Tseboa [*Jérem. c* 12.] & non sous celui du Bath Haïana du Lévitique. Voyez Hierozoïcon, *t.* 1 *p.* 83 *& suiv.*

che ; & aussi-tôt l'Hyéne en fait sa
proie.

On a bien encore voulu que
l'homme lui-même devienne quelquefois la victime de la supercher-
rie de cet animal. Il se glisse, dit-
on , près d'un hameau ; il prête
l'oreille. Si les payfans s'entre-ap-
pellent par leurs noms, l'Hyéne en
retient un, qu'elle est bien attentive
à ne pas oublier. Sur le tard , la
voilà en embufcade ; & comme elle
imite parfaitement la voix humaine , elle implore à grands cris le
malheureux dont elle fçait le nom.
Celui-ci se croit appellé par un de
ses camarades ; il accourt à la voix,
& l'Hyéne l'affaille & le dévore.

Je n'aurois eu garde de citer un
conte fi frivole, fi je n'avois cru devoir
un exemple au moins des puérilités
que la plûpart des Naturaliftes ont
rapportées les uns d'après les autres ;
& tous d'un ton à nous perfuader
qu'ils croyoient dire vrai. Ariftote *

* Ἐπιβουλεύει δ', ἢ θηρεύει ἀνθρώπους. T. 8. c. 5.

dit simplement à ce sujet, que l'Hyéne cherche à surprendre l'homme,
& qu'elle lui tend des embûches.

Les hommes à leur tour usent
d'artifice pour prendre l'Hyéne,
& ils y réussissent assez souvent. Elien
& Pline * d'après Aristote, parlent
d'un Chasseur, qui en avoit pris lui
seul jusqu'à onze, dont dix étoient
mâles : car les femelles, soit timidité, soit finesse propre de leur
sexe, tombent rarement dans le
piége.

Voici ce que raconte de cette chasse
artificieuse Abraham Ecchelensis,
ce sçavant Maronite, qui a tant con-
tribué à l'édition de la Polyglotte
de Le Jay. Pendant son séjour à Paris, vers le milieu du dernier siécle,
l'habile homme dont je parle, don-
na en Latin la traduction d'une Histoire naturelle, composée en langue Syriaque par Abderrachman.

---

* Σπαν'ον ὃ ἔςι λαβεῖν ὕαιναν θήλειαν. Ἐν ἕνδε-
κα γὰρ κύνηγος τὶς μίαν ἔφη λαβεῖν. Hist. Anim.
l. 6. c. 32.

Sur le 24ᵉ Chapitre, où il est traité
des propriétés des animaux, le Traducteur fait cette remarque :

Rien, dit-il, n'est plus singulier
ni plus amusant que la chasse à
l'Hyéne. Il n'y faut d'autres armes,
que des instrumens de musique ; ni
d'autres Chasseurs, que des Musiciens. Un air, une chanson vul-
gaire calment la férocité de cet animal. Au premier son qu'il entend
retentir au fond de sa taniére, il
vient se présenter à l'ouverture. Aussi-tôt les instrumens s'unissent aux
voix. L'Hyéne sensible à cette mé-
lodie s'approche des Chasseurs,
les flate, se laisse caresser. Cependant on lui jette adroitement un
licol & une museliére ; & la musique ne sert plus qu'à célébrer la
captivité de l'Hyéne, & le triomphe des Chasseurs. Qu'on ne s'in-
quiéte point au reste, en ces occa-
sions, du choix des Musiciens. Les
Orphées de nos carrefours seroient
assez habiles pour y réussir.

On fçait en général jufqu'où va,
& jufqu'où doit aller l'empire de l'har‑
monie, même la plus fimple & la plus
groffiére, fur tous les animaux. Qui
n'a pas entendu parler des merveilles
qu'on raconte fur ce fujet ? Et ces
merveilles font conftatées par des
expériences qui excitent notre
étonnement, & par des raifons qui
doivent le faire ceffer.

J'allois me jetter dans un épifode
fort agréable par lui-même fur les
effets prodigieux & néceffaires de
la mufique : mais dans un ouvrage
où je fais quelque ufage de ma mé‑
moire, elle me rappelle fort à propos
que cette matiére a été traitée par
M. Buirette, avec une érudition &
une juftefse de raifonnement qui
me réduiroient à ne faire qu'un ex‑
trait peut-être bien médiocre d'une
des meilleures differtations de cet
eftimable Recueil, * où l'on n'en
trouve que de bonnes.

* De l'Académie des Infcriptions & Belles‑
Lettres. *Voyez le T. 5. p. 113. & fuiv.*

Après la description & l'histoire de l'Hyéne, je dois en marquer les rapports. Ce pourroit être ici un morceau intéressant d'Anatomie comparée. Quiconque mettroit toutes les parties de l'Hyéne en opposition avec celles des autres animaux, observeroit utilement ce qu'elles ont entr'elles de semblable ou de différent. Il en coûtera fort peu à mon amour propre de convenir qu'en ce point je ne puis que tromper l'attente du Lecteur : mais sa patience y gagnera, car elle seroit justement alarmée ; & il y auroit de quoi l'épuiser en effet, si je m'engageois dans une comparaison en quelque sorte inépuisable.

Aristote * fut peut-être l'homme le plus capable de la pousser bien loin : mais ce grand maître sçavoit aussi, mieux que personne, se renfermer dans de justes bornes. Ainsi jaloux de simplifier les sujets le, plus

* V. M. de Buffon, *ubi suprà.*

compoſés , il ramene à un principe
unique la diverſité preſqu'infinie de
tous les animaux. Dans ce deſſein ,
l'exacte deſcription de l'homme eſt
entre ſes mains une ſorte de mo-
dèle univerſel, & comme la piéce de
comparaiſon. Au détail de chaque
partie de l'homme , il oppoſe ce qui
diverſifie ces mêmes parties dans chaque animal. Ces différences placées à
la ſuite du tableau où tout l'homme
eſt peint avec ſoin , vous préſentent
la deſcription la plus complette
& la plus préciſe de tous les animaux.

Que l'on ſuppoſe maintenant que,
d'après cette méthode, j'aie décrit
l'homme : ou plutôt, qu'on ſupplée
dans ſon eſprit cette deſcription ,
qui ne devoit pas en effet entrer
dans ce Memoire ; & que l'on compare à ce tableau, qui ſans doute
eſt connu d'ailleurs, tout ce qu'en
décrivant l'Hyéne, j'ai remarqué,
ou je remarquerai dans la ſuite , de
la configuration de ſon corps, de

ſes yeux, de ſes pieds, de ſon col, de ſon cœur, de ſon poil, de ſes alimens, de ſon habitation, &c. on aura les rapports de diſſemblance que la nature a mis entre l'homme & l'Hyéne, articulés expreſſément; & ceux de reſſemblance feront auſſi connus par-là même, quoique je ne les aie pas énoncés.

Mais que ces ſortes de rapports échappent à notre connoiſſance, ce n'eſt après tout une perte que pour notre curioſité. Il en eſt d'autres qu'un intérêt bien plus ſolide invite à ne pas ignorer. Ce ſont les rapports d'utilité que nous avons avec l'Hyéne; & par-là j'entends les ſecours que la Médecine peut tirer de cet animal, pour prévenir ou ſoulager nos maux.

La Chymie nous donne lieu d'admirer les attentions bienfaiſantes d'un Dieu créateur, quand elle extrait un ſuc ſalutaire des poiſons les plus redoutés. La Thérapeutique n'ouvrira-t'elle pas de même

nos cœurs aux sentimens de la reconnoissance la plus tendre, en dé-
couvrant des ressources à nos in-
firmités jusques dans l'Hyéne elle-
même ? Non, ce n'est point ici un
monstre uniquement créé pour nous
affliger par des maux trop réels, ou
du moins par des alarmes bien fon-
dées. Ennemi redoutable à la vérité,
s'il triomphe de notre foiblesse, sa
défaite payera notre victoire par les
avantages les plus importans.

Je ne mettrai point sans doute
en ce rang les deux pierres précieuses, que l'on trouve, dit-on, dans
les yeux de cet animal. Ce ne peut
être là un profit que pour le luxe &
la vanité : & je laisse à ces passions
frivoles le soin d'en apprécier la
valeur, ou plutôt d'en constater
la réalité. Car, malgré la multitude
des témoignages*, je me garderai
bien de garantir le fait.

Je présume avec quelqu'apparence, ce me semble, que le grand

* Solin. Isidore. Albert le grand. Boodt, &c.

nombre des Écrivains , qui nous
parlent de la pierre précieuse nommée Hyénie, parce, disent-ils, qu'on
la trouve dans les yeux de l'Hyéne,
ont été séduits par un texte de Pline , dont l'altération ne sçauroit paroître équivoque. Qu'on me per-
mette cette digreffion critique ; elle
n'eft point affurément étrangére à
mon fujet.

On lit donc au Chapitre 10. du
Livre 37. de ce célebre Naturalifte :
Hyæniæ (gemmæ) *ex oculis Hyænæ,
& ob id in vafe inveniri dicuntur.*
Ce Latin a paru inintelligible au fçavant Hardoüin , & à fon ordinaire
il n'a pas balancé à faire une correc-
tion , que je rapporterai bientôt,
& dont on jugera. Le fieur Du Pinet,
traducteur de Pline , a cru en avoir
faifi la penfée. Il la rend ainfi: L'Hyé-
nia prit ce nom des yeux de l'Hyéne , auxquels elle retire (c'eft-à-di-
re , reffemble) : auffi dit-on qu'on la
trouve au vafe ou à la veffie dudit
animal. Déchiffrez ce galimathias.

Une pierre précieuse tire son nom des yeux de l Hyéne ; & le Traducteur trouve la dénomination bien raisonnable, parce que cette pierre, fait-il dire à Pline, se trouve dans la vessie de l'animal. La preuve est sans replique. Mais ce qu'il y a de plus merveilleux, c'est qu'à côté du mot *Hyænia* marqué d'un renvoi relatif à la marge, on lit ces mots : *C'est l'œil de chat.* Or il est à remarquer que l'œil de chat est une pierre précieuse, qui se trouve en plusieurs endroits des Indes Orientales, & qu'on estime singuliérement celles de l'île de Céylan. Et voilà que le sieur Du Pinet la place dans la vessie des Hyénes, & que pour cette raison - là même il lui fait tirer son nom des yeux de cet animal.

Observerai-je que le Hollandois Boodt, dont l'ouvrage Latin sur les pierres précieuses fut assez estimé dans le dernier siécle, pour obtenir en France les honneurs de la traduction, a copié mot pour mot le texte de Pline ; & que le Traducteur de Boodt a tranfcrit la verfion de Du Pinet ? Car ce n'eft pas d'aujourd'hui que la Littérature a des plagiaires, qui fe croient en état d'écrire, parce qu'ils fçavent copier les chofes mêmes qu'ils n'entendent pas.

Remarquons encore, 'qu'il eft au moins fort douteux que le mot Latin *vas* ait jamais été employé par les bons Ecrivains pour fignifier veffie. Ainfi Du Pinet a fait ici tout à la fois violence & à la lettre & au fens de l'Auteur.

Mais le Commentateur Latin de Pline a-t'il été plus heureux que le Traducteur François ? Celui-ci défigure fon original ; celui-là le corrige, & il lit : *Et ideò invafæ inveniri dicuntur.* Cette reftitution * prétendue eft appuyée au bas de la page d'un mot de commentaire. *Invafæ*, dit le P. Hardoüin, *fcilicet venatu.*

* L'Editeur la juftifie par un M S.

Sans doute que si l'on prend des Hyénes, c'est à la chasse qu'on les prend. Mais voyez la belle conséquence que vous mettez sur le compte de Pline, cet Ecrivain si précis, & si judicieux, quand à l'inutilité de cette premiére observation vous lui faites ajoûter, que parce qu'on prend les Hyénes à la chasse, on dit des pierres précieuses qui sont dans ses yeux, qu'on les y y trouve.

Pour moi, si j'ose dire ma pensée sur le texte de Pline, ce ne sera qu'en faisant usage du précepte d'Horace : * Ne touchez point à des sujets que vous ne sçauriez traiter heureusement. Ainsi j'avouerois d'abord avec franchise que j'ai fait fait d'inutiles efforts pour trouver un sens raisonnable dans ces mots : *Ideò in vase,* ou *invasæ, inveniri dicuntur.* Quant à la premiére partie du texte, *Hyænia ex oculis Hyæ-*

* *Et quæ desperat tractata nitescere posse, re-linquit.*   Horat.

næ ; je rendrois juftice au fieur Du
Pinet, & je traduirois fimplement
avec lui : La pierre précieufe nommée Hyénie a pris fon nom des
yeux de l'Hyéne. J'adopterois encore la note marginale, qui porte
que cette Hyénie eft l'œil de chat ;
& je juftifierois cette dénomination
par le brillant, la tranfparence, la
diverfité des couleurs de cette pierre
précieufe, & l'éclatante variété que
tous les Naturaliftes * attribuent aux
yeux de l'Hyéne. Dès-lors s'éva-
nouiroit la chimère d'une pierre
précieufe formée du cryftallin même, ou cachée derriére la tunique
extérieure de l'œil de l'Hyéne ; &
mon interprétation eft d'autant plus
naturelle, que Pline, immédiatement avant, caracterife quelques
autres pierres précieufes par leur
couleur, & la reffemblance qu'elle
léur donne avec différents corps na-
turels ou artificiels. Je ne vois au

* *Oculis* (*Hyænæ*) *mille varietates, colorum-
que mutationes.* Plin. l. 8. c. 30. *& alii paffim.*

refte

refte que l'extrême penchant des Auteurs à fe fuivre comme à la trace , qui ait pû rendre fi commun le prétendu témoignage de Pline fur les pierres précieufes trouvées dans les yeux de l'Hyéne. J'ofe affurer qu'on s'appuie ici fort gratuitement d'une autorité fi refpectable : & quoi qu'en dife Perraut (*a*), j'ai de la peine à croire que la dureté extraordinaire des yeux d'une Civette , dont on avoit fait la diffection anatomique en préfence de MM. de l'Académie Royale des Sciences, ait donné lieu à ces Sçavans de fe reffouvenir de ce que Pline dit des yeux de l'Hyéne, fçavoir ,, qu'on ,, en tire des pierres précieufes , ,, qu'on appelle *Hyæniæ.* " Comment ces Meffieurs fe feroient-ils fouvenus d'avoir lû dans Pline , ce que Pline n'écrivit jamais ? (*b*)

(*a*) T. 3. 1. P. des Mem. de l'Acad. R. des Sciences.

(*b*) Depuis que cette Differtation eft faite , je me fuis avifé de chercher ce texte dans un **MS.**

On a souvent accusé ce Naturalifte célèbre d'avoir confondu pê-
le-mêle & sans discernement, de
bonnes observations avec des con-
tes populaires. L'ignorance porta
ce jugement. Les lumiéres de notre
siécle en ont beaucoup adouci la
févérité. Tous les jours de nouvel-
les découvertes juftifient, pour l'hon-
neur de cet Ecrivain, des récits
que leur fingularité avoit fait taxer
de chimères. D'ailleurs fon texte
altéré en plus d'un endroit ; les
commentaires arbitraires qu'on y
a ajoûtés , les faufſes interpréta-
tions qu'on y a données ; en falloit-

de Pline d'environ 400 ans, & dans une édition
magnifique fur vélin, de l'an 1472. à Venife. Ce
MS. & cette édition, confervés l'un & l'autre
dans la bibliothéque du grand Collége de Lyon,
portent uniformément : *Hyæniæ in vafe tabido
inveniri dicuntur.* Le Texte ainfi rectifié ne pré-
fente plus rien d'embarraffant, & il fait évauouir
l'abfurdité de la pierre précieufe des yeux de
l'Hyéne. Le P. Hardoüin fe flatoit d'avoir eu
communication de toutes les variantes du MS. de
Lyon. N'eft-il pas vrai-femblable que , fi celle ci
lui avoit été connue, il l'eût fait entrer dans fon
édition ?

il davantage, pour charger de mille erreurs l'Ecrivain le plus véridique ? Non que Pline n'ait pû être, & n'ait été trompé quelquefois par des récits menfongers : mais j'ofe dire qu'on le trouvera plus exact & plus vrai, à mefure qu'on le lira avec plus de connoiffances & plus de ré-flexion.

Qui voudroit affurer, par exemple, que l'expérience, fi nous pouvions la faire, ne nous découvriroit pas dans l'Hyéne toutes les propriétés médicales, que cet Auteur lui attribue ? Quoi qu'il en foit, on ne peut que lui fçavoir gré d'avoir recueilli avec tant de foin tout ce qu'on en avoit écrit, & tout ce qu'on en difoit de fon temps. C'eft un détail immenfe dont le Dictionnaire de Médecine nous donne l'extrait en ces mots. (*Art. Hyænia.*

» Pline dit que la chair de l'Hyé-
» ne prife en aliment, & fpécia-
» lement fon foie, eft merveilleux
» contre la morfure du Chien en-

» ragé; que fi l'on frotte la mor-
» fure avec fa graiffe, & que l'on
» étende fa peau fur le malade, il
» en fera foulagé fur le champ. "
Le Dictionnaire appuie ceci du témoignage d'un Médecin plus ancien que Pline, & dont les ouvrages n'ont été imprimés que dans le
dernier fiécle. » Scribonius Largus
» rapporte qu'ayant été informé
» qu'un vieux Barbare, qui avoit
» été jetté dans l'île de Créte par
» une tempête, dans laquelle fon
» vaiffeau avoit échoué, & qui y
» étoit entretenu aux dépens de
» l'Etat, guériffoit tous ceux qui
» avoient été mordus par des Chiens
» enragés, quoiqu'ils fuffent atta-
» qués d'hydrophobie, qu'ils hur-
» laffent, & qu'ils euffent des con-
» vulfions, feulement en leur atta-
» chant quelque chofe au bras gau-
» che; il eut la curiofité de fçavoir
» ce que ce pouvoit être, & de
» s'adreffer pour cet effet à Zopire,
» Médecin de Gordium, qui avoit

» été choisi pour Député par les
« Etats de l'île, & qu'il eut l'avan-
» tage de recevoir chez lui : il me
» dit franchement, ajoûte Scribo-
» nius, pour reconnoître la poli-
» teſſe avec laquelle je l'avois reçu,
» que ce ſecret conſiſtoit en un mor-
» ceau de peau d'*Hyéne* envelopé
» dans de l'étoffe. Je n'ai jamais eu
» occaſion d'eſſayer cette recette,
» & ſouhaite ne l'avoir jamais : ce-
» pendant je me ſuis pourvu ſur le
» champ d'une peau d'*Hyéne*, dont
» je puſſe faire uſage au be-
» ſoin. Sur ce récit de Scribonius,
» Aëtius conſeille d'avoir toujours
» une peau d'*Hyéne* ; afin que ſi
« quelqu'un avoit le malheur d'être
» mordu par un Chien enragé, on
» la lui attachât ſur le champ au-
» tour du corps, par la raiſon, dit
» Aëtius, qu'elle a la vertu de pré-
» venir l'hydrophobie, & même
» de calmer ce terrible ſymptome
» en ceux qui en ſont attaqués. «

Je ſuſpendrai ici la citation, qui

doit être encore bien longue, pour obferver que fi le remede du Barbare de Créte a pû autrefois être foupçonné de charlatanerie, ce foupçon doit tomber depuis les guérifons merveilleufes, qu'a opéré le fachet anti-apopleĉtique du fieur Arnoul. Il me femble que l'analogie eft complette entre le nouveau fecret, & l'ancienne recette de Scribonius; de forte que les fuccès de l'un font la juftification de l'autre.

Il fera bon encore, je crois, avant que de reprendre notre ex-trait de Pline, de prévenir les Lecteurs fur le vrai caraĉtere des garans qu'il cite en cet endroit de fon ouvrage. Il les appelle, *Magi.* Ce nom ne doit pas infpirer une défiance générale pour ce qui nous vient de leur part : car il ne faut pas mettte fur un même niveau tout ce qui dans l'antiquité porta le nom de Magicien. L'on fçait qu'il y eut deux fortes de Magies. L'une n'étoit, à la bien définir, qu'un

mêlange abſurde & confus d'im-
piétés & d'extravagances. L'autre
réuniſſoit, avec le culte des Dieux,
l'étude & la connoiſſance de la nature. Les partiſans de cette ſeconde
eſpèce de Magie ne ſont pas aſſurément à dédaigner : & comme nous
ne pourrions ſans injuſtice confondre les vrais & les faux Empyri-
ques; auſſi eſt-il de l'équité de mettre une différence totale entre les
Viſionnaires Magiciens, & les Magiciens Philoſophes. Cette diſtinc-
tion n'a pas échapé à notre Na-
turaliſte; & je crois en appercevoir
les preuves dans la différente maniére dont il expoſe les divers mé-
dicamens, où l'Hyéne entre pour
quelque choſe. Les uns, il les dé-
crie comme imaginés par la ſuperſ-
tition. Il cite ſimplement les autres,
qu'il paroît approuver en ne les re-
jettant point : d'où l'on peut infé-
rer avec vrai-ſemblance, qu'il en
avoit appris la compoſition & l'ef-
ficace, de ces hommes célèbres, à

qui leurs lumiéres & leurs vertus firent donner le nom de Magiciens ou plutôt de Mages; titre honorable dans sa primitive instituation; & qui, comme celui de Sophiste, ne fut avili dans la suite des temps, que pour avoir été prodigué à des sujets fort méprisables.

Les Auteurs du Dictionnaire de Médecine ont fait le même discernement : mais attentifs à retrancher les inutilités ils ont supprimé presque toutes les recettes où la superstition a quelque part; & dans l'extrait qu'ils nous donnent de Pline, ils se sont sagement bornés à faire entrer presqu'uniquement celles dont on feroit fort vrai-semblablement l'épreuve avec succès, si l'on pouvoit avoir quelque Hyéne à sa disposition. Peut-être sommes-nous à la veille de jouir de cet avantage. Voici d'avance bien des moyens d'en tirer le meilleur parti.

» Il n'y a point d'animal, dit Pli-
» ne, dont les Magiciens fassent

» plus de cas que de l'Hyéne. Sa
» peau appliquée fur la tête, en
» diffipe le mal : fi l'on frotte le
» front d'un chaffieux avec fon fiel,
» il en fera guéri : la décoction de
» ce fiel dans trois verres de miel
» aquatique, avec une once de fa-
» fran, prévient pour toujours cette
» maladie, & diffipe l'obfcurciffe-
» ment des yeux, les cataractes,
» l'albugo, les afpérités, les excroif-
» fances, & les cicatrices incom-
» modes au même organe. La fanie
» qui diftille du foie récent, lorf-
» qu'on le bat, guérit le *Glaucoma*,
» fi on la mêle avec du fiel clarifié,
» & qu'on en touche la partie. Le
» toucher feul de la dent de l'Hyé-
» ne, ou fon application convena-
» blement faite, guérit le mal de
» dents; fes omoplates calment les
» douleurs des bras & des épaules;
» fes dents tirées du côté gauche,
» & mifes fur le vifage dans une peau
» de bouc ou de mouton, font cef-
» fer le tiraillement d'eftomac; fes

» poumons pris en aliment chaffent
» la colique ; fes cendres délayées
» avec de l'huile, & appliquées fur
» l'eftomac, font un remede con-
» tre les affections de ce vifcere ; la
» moëlle de fon dos avec du fiel &
» de vieille huile, eft bonne dans la
» maladie des nerfs. On fe trouvera
» bien d'avoir mangé trois fois de
» fon foie, avant l'accès de la fiévre
» quarte. Les cendres de l'épine,
» de la langue & du pied droit du
» veau marin, mêlées avec le fiel
» de bœuf, & étendues fur la peau
» de l'Hyéne, fufpendent les dou-
» leurs de la goutte. Son fiel joint à
» la pierre d'Afie (*a*) produit le même
» effet. Ceux qui font attaqués de
» tremblement, de fpafmes, de dé-
» mangeaifons, n'ont qu'à manger
» un morceau de fon cœur (*b*), met-

(*a*) Ou plutôt d'Affo, en Latin *Lapis Affius.*
C'eft une efpèce de Tuthie, qui reffemble à la
couperofe.

(*b*) On a obfervé que le cœur de l'Hyéne eft
fort gros, par proportion à la totalité de fon
corps : & c'eft là, felon le témoignage de Pline,

» tre le refte en cendre , & faire un
„ liniment de cette poudre avec la
„ cervelle de l'animal. Si on les
„ mêle avec le fiel, ou qu'on s'en
„ ferve feules , vous aurez un bon
„ dépilatoire : mais avant que de s'en
„ fervir , il faut avoir foin d'épiler
„ entiérement l'endroit, où l'on fe
„ propofe d'empêcher les poils de
„ croître. On pourra s'en fervir auffi
„ pour faire tomber les poils fuper-
„ flus des paupiéres. La chair dés
„ reins prife en aliment, ou arrofée
„ d'huile, & appliquée fur les reins ,
„ en calmera les douleurs. Une des
„ grandes dents envelopée dans
„ un linge , paffe pour guérir des
„ terreurs nocturnes. On l'ordonne
„ en fumigation pour les maniaques ;
„ on leur attache fur la poitrine, &
„ on leur applique au même en-

une propriété de tous les animaux timides, ou malfaifans par timidité. *Maximum autem eft* [cor] *portione , Muribus , Lepori , Afino , Cervo , Pantheræ , Muftellis , Hyænis & omnibus timidis , aut propter metum maleficis.* Plin. l. 11. c. 37.

„ droit la graiſſe des reins, le foie
„ ou la peau. La premiére des ver-
„ tébres de l'épine, appellée Atlan-
„ tia, paſſe pour être un remede
„ contre l'épilepſie. On dit que la
„ flamme de ſa graiſſe chaſſe les ſer-
„ pens; on ajoûte qu'une partie de
„ ſa mâchoire broyée avec de l'anis,
„ & priſe en aliment, fait ceſſer le
„ friſſon. " *

Je ſuis trop peu verſé dans les
myſteres de la Faculté, pour être en
état ou de garantir, ou de ſuſpec-
ter ces ſortes de recettes. Il ſemble
que la plûpart d'entr'elles méritent
une juſte confiance, puiſqu'elles
ont été approuvées en grande partie

---

* L'Editeur croit devoir ajoûter à toutes ces merveilles, que les anciens Romains *étoient per-ſuadés* qu'en doublant de peau d'Hyéne la meſure dont ils ſe ſervoient pour les ſemailles, peut-être leur *ſemoir*, le grain y ſéjournant un peu, con-tractoit une vertu, qui le garantiſſoit de tous les accidens qu'il peut courir pendant qu'il eſt enterre. C'eſt ce qu'atteſte Columelle, *L. 2. c. 9.* „ Nonnulli „ pelle Hyænæ *ſatoriam* trimodiam veſtiunt; at-„ que ita *ex eâ*, cùm paulùm immorata ſunt, ſe-„ mina jaciunt, *non dubitantes* proventura quæ ſic „ ſata ſint. "

par

parles Médecins *les plus célébres de l'antiquité. Au reſte entraîné par l'abondance de la matiére, & trop ſoigneux peut être de rendre juſtice aux Ecrivains qui l'ont traitée avant moi, j'ai négligé le mérite de la briéveté, quoique ce fut le ſeul auquel ma médiocrité pût prétendre.

* On peut voir leurs témoignages dans l'Hiſtoire des Animaux de Geſner, dans le Commentaire du P. Hardoüin ſur ce Chapitre de Pline.

F I N.

fion dudit Ouvrage, fera remis dans le même état
où l'Approbation y aura été donnée, ès mains de
notre très-cher & féal Chevalier, Chancelier de
France le fieur De la Moignon, & qu'il en fera en
fuite remis deux Exemplaires dans notre Bibliothéque publique, un dans celle de notre Château
du Louvre, un dans celle de notre lit très-cher
& féal Chevalier, Chancelier de France, le fieur
De Lamoignon, & un dans celle de notre très-
cher & féal Chevalier, Garde des Sceaux de
France, le fieur De Macnault, Commandeur de
nos Ordres; le tout à peine de nullité des Préfentes : Du contenu defquelles vous mandons &
enjoignons de faire jouir ledit Expofant & fes ayant
caufes, pleinement & paifiblement, fans fouffrir
qu'il l ur foit fait aucun trouble ou empêchement.
Voulons qu'à la copie des Préfentes, qui fera imprimée tout-au-long au commencement ou à la
fin dudit Ouvrage, foi foit ajoûtée comme à l'Original. Commandons au premier notre Huiffier ou
Sergent fur ce requis, de faire pour l'exécution
d'icelles tous actes requis ou néceffaires, fans de-
mander autre permiffion, & nonobftant clameur
de Haro, Charte Normande & Lettres à ce contraire. Car tel eft notre plaifir. Donné à Verfailles,
le vingt-troifiéme jour du mois d'Août l'an de
grace mil fept cent cinquante-fix, & de notre Re-
gne le quarante-uniéme.

Par le Roi en fon Confeil.

LE BEGUE.

*Regiftré fur le Regiftre 14. de la Chambre Royale
des Libraires & Imprimeurs de Paris, N°. 84. fol.
85. conformément aux anciens Réglemens confir-
més par celui du 28. Février 1723. A Paris ce
31. Août 1756. Signé D I D O T, Syndic.*